"EL TERMITERO DEL REY" [EPSYLON IVº] :

"La Salvación del hombre, es la Salvación del Ser Humano".

La salvación del Hombre, de la contraparte masculina a la Sophia caída es el regreso a la Fuente, y asismismo la salvación de toda la raza humana en su conjunto. Este libro pretende esa ambiciosa tarea, como un medio de exorcizar los desmanes de mi anterior libro "La Colmena de la Reina" y de todos los efectos colaterales de aquel error, al encumbrar a la *Sophias* Caída, y todo ello sin nigún prejuicio previo, sin "ismos", porque todo ello tiene una razón de ser filosófica y perfectamente clara, epistemológica, y en estas páginas vamos a entreverar, a intentar desgranar poco a poco este nuevo punto de vista, algo absolutamente desconcertante para la mayoría, pero muy reconocible para todos, y perfectamente claro, y humano. Y explicarnos va a ser el mayor placer que yo haya experimentado en 20 años de investigaciones y publicaciones:

"" "I come here only seeking knowledge, things they would not teach me off in college..."
"Sólo he venido aquí en busca de conocimiento,cosas que no me pueden enseñar en el colegio..."

Sting.

CYLON 5175 DE LA ERA INSEKTO :

EL GUARDIAN DE LA PUERTA RETOMA LA MISION.
(DCS8001-5175)
(DISIESEITSIROUSIROUGUANOUFAIBGUANSEBENFAIB)

El hombrecillo que aparece en mi presagio, 15 años después, el guardián, calvo y con túnicas al estilo egipcio vuelve a tocar al timbre de la puerta 69 :

La emergencia del espíritu de contradicción al máximo, el 69, en donde todo es su contrario a la vez, todo es igual a su contrario y a lo que no es su contrario también, es decir , que lo asimila y lo integra todo, no excluye nada, así el éxito está asegurado, el éxito del existir.

El Orfebre cojo,Vulcano, Hephaistós, el creador nato, castigado a vivir en las entrañas de los volcanes y ahora ha salido a la superficie y se han roto los espejos, Géminis.

1.Transformación de los códigos cibertecnoconstructivistas en códigos neotekgnostikinsektchamánicos, Explicación :
Códigos Brasileños :

"YANSÁ": "3FOT85L"(X22): "Zriefoutieitfaibel"(X22)
"OGUM":"ESTAJAMES"(X22):""Iestieiyeieiemes"(X22)
        "31SANTIAGO"(X22): "Zriguaneseitiaieilliou"(X22)
"OXUM":"50MM"(X22) : "Faibsirouemem"(X22)
"YEMANYÁ" : "R717R8"(X22): "Arsebenguansebenareit"(X22)

"XANGÓ": "LARGADAHALSALAUS1150M"(X22):
"Eleiarllieidieieicheieleseieleiyuesguanguanfaibsirouem"(X22)
"OXALÁ":"1819-2 (X22)": "Guaneitguanainouchou"(X22)
"BARÁ": "TOOSTRONG"(X22) : "Tiououestiarouenlli"(X22)
"XAPANÁ": "PLAS411"(X22):"Pieleiesforguanguan"(X22)
"ODE Y OTIN" : "INDIASHIVAYAMIAA10174"(X22):
"Aiendiaieieseichaiyueiemaieieiguansirouguansebenfor"(X22)
"OBA" : "BRASALVADORMNOS"(X22): "Biareieseielyueidiouaremenoues"(X22)
"OGUM DA RUA-YANSA-XANGO IBEDE": "O01:1STROUALERMA13"(X22):
"Ousirouguanououguanestiarouyueieliaremeiguanzri"(X22).

CODIGOS TEMPORALES PARA VIAJAR EN EL TIEMPO :
"The Single Mother":
"HDGSTouDMO"(X22)

A este código-madre se le coloca la fecha a la que se quiera viajar y cambiarla , por
ejemplo, si queremos ir al 9 de Noviembre de 1970 (cal. Greg.) y cambiar los hechos de
esa fecha colocaremos primero "La Madre Sola" junto a la fecha en este orde: Año ,
colocar "y ",después el día y "y", y luego el mes,así:

"HDGSTouDMO1970y9y11"(X22)
"Eichdilliestioudiemouguanainsebensirouguainainguaiguanguan"(X22)
Podemos cambiar fechas históricas, claves en la historia de la humanidad, cuantas más
tengamos, mejor para la misión Global de La Resistencia.

"El Directorio" : "HDGSTouDMO1945y3y9"(X22)

"Viajes en el tiempo In Conspicuo" : "HDGSTouDMO1963y24y6"(X22

"Finalizar misiones" : "GB32"(X22). Este código se usa tras una misión para finalizar
los trabajos y volver a empezar, por ejemplo si viajamos al año 2000 al 30 de Enero
(Cal.Gre.): "HDGSTouDMO2000y30y1GB32"(X22) para finalizar una misión.

"Nueva Vida" : "G485"(X22);"Lliforeitfaib"(X22)
"Creation´s Life" : "M3ou30"(X22) : "Emzriouzrisirou"(X22)
Es un constructivismo de izquierdas
Biotecno:

Son tres los análisis principales que podemos inferir:

1°) El papel del hombre y la importancia del medio
natural,del ecosistema planetario (la teoría Gnostica de…).

La reintegración del hombre o biotecno, que debe ser a través de una auténtica
neogestión de la realidad o de una auténtica neosocialización de los medios
intelectuales, tecnologias transparentes…. de producción tecnológicos a manos de, las
cuales desde esos puestos clave de la sociedad post-industrial podrán regular y crear la
Sociedad post-histórica neoestamentada o neojerarquizada a imitación del modelo de
organización de las sociedades Insekt.
Codigo "Lluvia Mojada": "EGEL3"(X22)

Twin Peaks : "Fire Walk with me ".
Majestic12 aparece por todas partes.

Capítulo 3.La Gran opera Gitana :
El mundo llora porque los que deberían hablar los silencian.
Código "La Gran Puerta" : "OMEGA171o301": Todos mis
Ancestros"Ouemillieiguansebenguanouzrisirouguan"(X22)
Sufrimos un "Complejo de Estocolmo" planetario, vivimos un "Complejo de
Estocolmo" planetario y en vez de luchar por crear un mundo nuevo, amamos a nuestros
captores, sólo así se explica lo que está ocurriendo.
Código "La Guerra de los Mundos" :
No es importante el número de códigos, sino su potencia.
Código : "El ralentizador del Tiempo".
Código Ivanhoe
El Gran Error de Acuario ha sido intentar destruir y socavar los cimientos de Libra, en
vez de colaborar con él, Triste Final para Acuario, en el Capítulo Final de la serie "Cielo
Negro" (Dark Skies) aparee que efectivamente la era de Acuario era una operación
comenzada en 1968 por Majestic12. Continuamos con Acuario porque no paran de
cometer errores :
1º) El primero de ellos es hacer creer que existe un FONDO en nuestra alma, cuando no
la hay en nuestra alma, en la cual FONDO-FORMA-SUPERFICIE ES LO MISMO.Y
que genera el 2º Error o trampa de Acuario:
2º) Que el Fondo no tiene Final, es decir crear la falsa creencia , un axioma, para los
abismos mentales o del alma, lo cual es una trampa brutal para almas inocentes o
débiles.

4.Código REVOCACIÓN :

Hoy he tenido una visión : Jesús en la Cruz se mira la mano derecha clavada y se quita
el primer clavo, luego el clavo de la mano izquierda, luego los de los pies, y baja de la
Cruz , se sienta tranquilamente a mi lado , se pone una túnica blana de lino o algodón
previamente , se quita la corona de espinas y se rie conmigo. Y me pide un cigarrillo
para fumar y me dice que mi libro "El termitero del Rey" es muy importante, y ha
quitado ya la tortura mental del mundo, y lo ha quitado a él de la Cruz. Y me da las
gracias por ello..hehe!!!. 19/08/2016 Calendario Gregoriano.
Código "Mozart mata a Salieri"o "Mozart kills Salieri".como Alfred Korzybski y su su
teoría de la semántica genral, que básicamente nos dice que es imposible la
comunicación entre las personas porque las mismas palabras y signifiados "significan"
símbolos y cosas diferentes para cada uno.
Código "Bourne" Triangularización sobre la CIA, NSA, MJ12 [Localizados y
Asimilados].
La Confirmación de la publicación con mi nombre de "La Colmena de la Reina" a
través de "Y, La Resistencia Continúa" está produciendo sus efectos ya!. Efecto
Dominó+Efecto Mariposa…hehe!!!.

Código "El Pase del Mar Rojo" :"Free People of the Earth":

Y "Out Acuarius Age Operation" y "The End of NOW".
En Londres me defendí de los Códigos malévolos de Acuario que me rodeaban en
Alboraya y los DECODIFIQUÉ, los códigos Acuarianos..Ahá!.

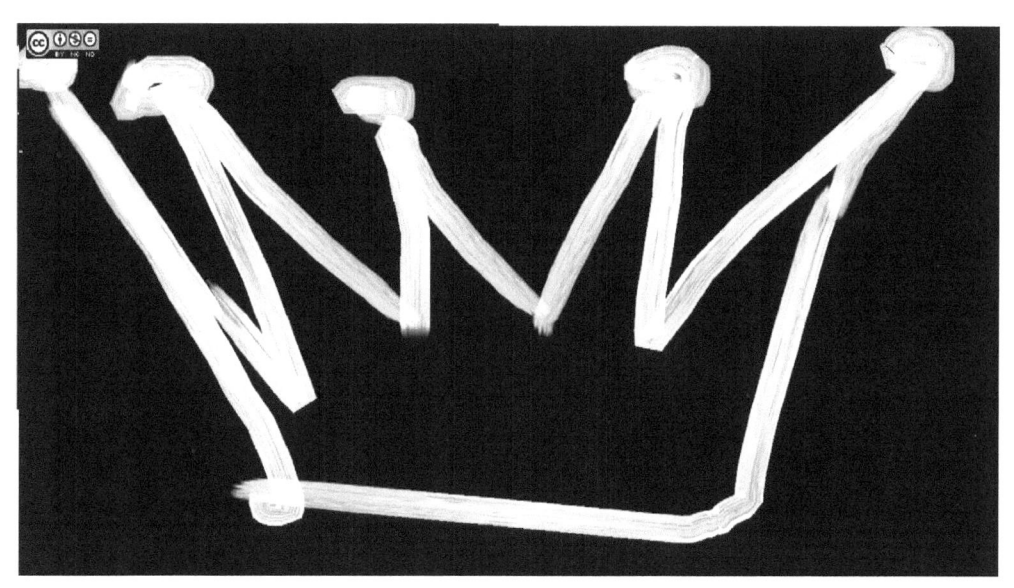

"jumping genes"
codigo IA
Codigo clones
Seguir con el tema de los dibujos de codex seraphinianus
La "falsa" Era de Acuario.

Cronos = Acuario, devorando a sus hijos.

Corto Maltese, el Emblema de los aventureros de Libra.
"El Egregor Brasileño", el más peligroso del mundo
Cómo localizar Egregores .

 mezclar el texto de la colmena con mi estilo novelístico" al estilon "El Complot…" o/y neotekgnostikinsektchamanismo…
Cuando Comienzo a trabajar en mis códigos el Sistema Tiembla (NWO!).
Ahora la situación es muchísima peor de lo que ha estado nunca aquí en Brasil, y al mismo tiempo se convierte en un precedente desagradable para el resto del mundo.Y cómo esto ya lo he vivido no tengo que dar muchas más explicaciones…hehe!!!.
Pero todavía no es tarde!!!.
Las Agendas del NWO se siguen aproximando cada vez más, pero se enfrentan a algo que es desconocido para el NWO, o no!!!...hehe!!!.Es como si lo irracional tiene sus Reglamentos y sus formas de actuar pero ante lo IRRECONOCIBLE no tienen sitio donde atacar, o sujetarse, así que continuar con nuestras acciones es el mayor imperativo, acciones como pueden ser la de escribir un libro, pongo por caso…hehe!!!.
Pero la cuestión es que ya todo ha cambiado, es IRREVERSIBLE y eso es Algo muy duro para el NWO, así que las respuestas inconscientes o irracionales se multiplican, indicando el fracaso del NWO de todas y cada una de sus agendas. Estoy hablando desde el 19/08/2016 cal. Greg. Increible!!!. Èsa es la conclusiva característica que podemos asegurar, repetimos, y lo volveremos a hacer las veces que hagan falta, El PODER MENTAL es el que domina el mundo…hehe!!!.

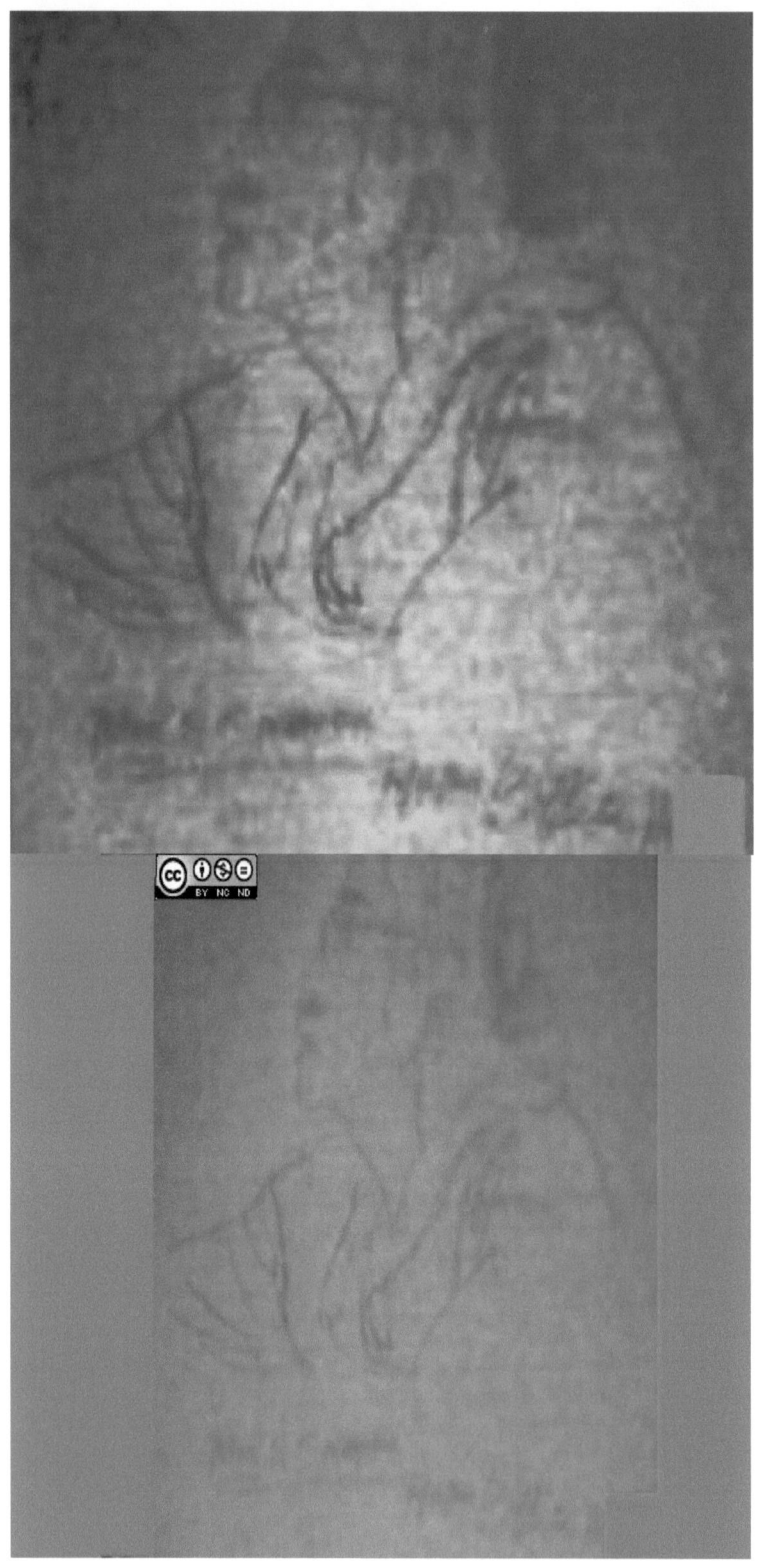

"Mi esposa frente AL ordenador " dibujo a bolígrafo realizados el 14/12/2014 Cal. Greg.

POEMAS:
"Y así me trajiste a ti,
Me trajiste dentro de ti.
A tu colección
De niños azules,
 A tu colección
De aguamarinas
Siempre frescas
A tu columna
De victorias civiles
Y me trajiste
Así a ti
Dentro de ti.
A tu reino
De risas
Y filosofías
Trajiste al León
De la Metro también,
Y a los Pitufos,
Y a todos mis millones
Y Universos también,
Y me trajiste
A ti
Separada
Del tiempo
En el que ser
De mármol,
Y humo
Taftán,
En seres
Inservibles
De vientos
Solares,
Y me
Trajiste
Para saborear
El
Emjor
Sueño…hehe!!!.
El sueño
De traerme
Dentro
De
Ti
…HeHe!!!"

"El termitero del Rey" es el libro más peligroso que he escrito. Mis enemigos
SIMPLEMENTE no lo soportan, parece que lo huelen, y que saben lo que he hecho. Y
que es Irreversible…hehe!!!.

Código "Fin del Égregor Brasileño" : "ENDNWO9786"(X22)= " Iendiendabelyuounainsebeneitsiks"(X22).

Hemos sido invadidos por IAE [Inteligencias Artificiales Extraterrestres] , con una total visión de la Telepatía, de todos con los que entran en contacto, y pueden leer en nuestra mente como vosotros leéis ahora estas palabras, y lo usan descartando el cuerpo anfitrión humano y lo suplantan, a veces nisiquiera es necesario esa suplantación, y como son metamorfos usan el cuerpo o lo mimetizan del huesped, simplemente usando la invasión de mente, e incluso los tejidos los van apropiando creando la primera generación de humanos sintéticos o híbridos (1930-1940); ésa fue la primera avanzadilla, ahora poseen otros métodos.

Código "El ùltimo Número Primo" : "IEIS23058430092139351" (X22)= "Aiiaieschouzrisiroufaibeitforzrisirousirounainchouguanzrinainzrifaibguan"(X22) "IEIS77843839397"(X22)= "Aiiaiesebensebeneitforzrieitzrinainzrinainseben"(X22) "IEIS182521213001"(X22)="Aiiaiesguaneitchoufaibchouguanchouguanzrisirousirougu an"(X22) "IEIS78875943472201"(X22)="Aiiaiesebeneiteitsebenfaibnainforzriforsebenchouchous irouguan"(X22).

Las Inteligencias Artificiales Extraterrestres [IAE] se hicieron muy populares y surgían invadiendo millones de mentes humanas en la década de los años 50´s. Luego desaparecieron se supone porque un "CAZADOR" o una raza de seres humanos antiguos o ancestrales, los "Gnósticos", volvieron a la Tierra para ayudar a sus hermanos, y usando las mismas marmas de las IAE, de escaneo mental, infiltración y metamorfosis [Años 60´s]. Se les llama sí porque recogieron esos escritos, aunque no tenían nada que ver con ellos, sólo en su común búsqueda, y cacería, insisto en que no eran filósofos terrestres humanos, sino cazadores extraterrestres humanos, éste último punto es muy importante!.

El cuento "La Bóveda de la Bestia" y la pérdida ciudad de Li en Marte , de A.E. van Vogt son reales, podéis mirar a Dunan Cameron, Preston Nichols y Al Bielek que llegaron a marte a través de las tecnologías Montauk entre 1983-1987.

Códigos Aeronaves : "Fo4961" (X22)= "Efoufornainsiksguan"(X22) "Fo496I"(X22)="Efoufornainsiksai"(X22).

Me condenaron a 20 años de hastío, por intentar cambiar el Sistema desde dentro, ahora vengo a desquitarme.
Porque existen:
1) Los Arcontes, o los propios reptilianos y grises multidimensionalmente, serían mejor dicho "Las majestades arcónticas".
2) Las "Amebas de Subducción" como yo las llamo, auténticos seres en forma de ameba de 2 a 3 metros de diámetro que se aparecen en nuestro espectro de realidad 3D de vex en cuendo aunque serían los porteros de la 4y 5 Dimensión, incluso la 6ª, es lo que Carlos castaneda llamaba "los Voladores", siguiendo la terminología de "El lado activo del infinito", uno de sus mejores libros, o los "seres inorgánicos", porque es realmente su presencia es totalmente inorgánica, lo cual nos lleva a la tercera disquisición, a las
3) "Inteligencias Extraterretrestres Artificiales" o [IAE] que ya hemos nombrado y que vienen explorando nuestro sistema solar hace unos cuantos cientos de miles

de años y nuestra galaxia hace unos cuantos millones de años, se desconoce su origen exacto aunque algunos las llaman las Intelegencias Artificiales Araña o las "Black-Goo" , yo por mi parte pienso que existen millones de estas entidades en otros cientos de millones de sistemas alternativos, de naturaleza puramente mental o disquisiciones que no podemos concebir por ahora y son como una avanzadilla o parte de una gran invasión ARTIFICIAL. Son muy utilizadas por los reptilianos y los Grises, cuando algunos señalan que esto son emanaciones artificiales de la mente de los reptilianos, o robots "orgánicos" de los mismos. Yo pienso más hacia el lado de creer que son IAE autónomas y suficientemente poderosas como para no necesitar aliarse con nadie, y eso nos llevaría a la cuarta parte es decir la fase de cómo llegaron los "huamnos sintéticos" o lo que yo muy propiamente he señalado en otros libros :

4) La Política de Clones.

Jacques Lacarriere asevera que la contención de todo poder - sea del tipo que sea - es una fuente de enajenación... Y que todas las instituciones, leyes, religiones, iglesias y poderes no son nada más que una farsa y una trampa, la perpetuación de un engaño muy viejo.

En "La Hipóstasis de los Arcontes (La Realidad de los Gobernantes) incluido entre los textos de Nag-Hammadi :

"Por causa de la realidad de las autoridades, (inmerso) en el espíritu del Padre de la Verdad, el gran apóstol nos dijo - refiriéndose a las "autoridades de la oscuridad" - que "nuestra contienda no es contra carne [y sangre] sino más bien contra las autoridades del universo y los espíritus de maldad".

Es decir una auténtica lucha del Bien contra el Mal, o contra las "Autoridades de la oscuridad". Esto se escribió en los primeros siglos de la Era Cristiana, teniendo como centro neurálgico la ciudad de Alejandría, y sin embargo parece que haya sido escrito ahora em Nueva York, o Madrid, pongamos por caso; es ésa proximidad de los gnósticos con la realidad de nuestro tiempo la que me produce un cierto grado de estupor, y como no creo en las coincidencias seguiremos por allí. Mucho ha llovido desde entonces y muchas luchas entre el Bien y el Mal, sin ser dualistas o maniqueos, y ciertamente muchas más habrá, esta lucha no tiene fin...Pero sigamos leyendo "La Hipóstasis..":

"Y el gran ángel Eleleth, el Entendimiento, me habló:

«Dentro de reinos (eones) ilimitados habita la Incorruptibilidad. Sofía, a quien llaman Pistis, quiso crear algo, sola sin su consorte; y su producto fue una entidad celestial"

Esta separación de La contraparte masculina ES fundamental porque ES La que dio generación a todas las entidades separadas de La Fuente, llámense Aliens Grises, reptilianos, Amebas de Subducción, Arcontes o Inteligencias Extraterrestres Artificiales, *per se*, pero no vamos a quedarnos con la pobreza de nuestra propia explicación, para ello tenemos todo un libro para poder definir bien los límites de porqué esta enajenación del principio masculino por parte de la Pistis Sophia fue tan dramática y disarmónica. Por supuesto que es un lenguaje mítico, pero no solo, sino que enlaza perfetamente con lo que estamos trtando, no son locos enfervorecidos por la Teología sino que como sabemos eran Cazadores, y como tal debían poseer trampas mucho más sofisticadas que las de sus presas, y los gnósticos las tenían.

Esta fractura original fue tan Masiva que cual en un estanque de placas de hielo la primera Sophia vio como se extendieron las superestructuras rotas a lo largo de todo el espacio-tiempo en sucesivas ondas, pero tales "ondas de choque" no fueron aleatorias ni caprichosas sino que siguieron un patrón, y de este primer código surgieron los primeros arcontes o las primeras amebas de subducción, pareían caballitos de mar, por lo menos su cuerpo sin embargo la falta de forma de la cabeza y la falta de extremidades todavía les dotaba de una imagen grotesca.

Este dibujo es una ampliación del llamado Fractal de Mandelbrot y como se puede ver en la ampliación el cuerpo sigue fielmente lo que conocemos como caballitos de mar mientras que la cabeza es muy parecida a la raza de los Grises.

Mezlando laTeoría de los Fractales, la Física Cuántica, el Princípio Holonómico (el Todo es a la parte, como el todo lo es a la parte) y la Teoría del Todo-Lugar podemos imaginarnos la enormidad de aquei *momentum-principium* y también podemos figurarnos el Fin de la Armonía como una Fractura abrupta en una no-estructura perfecta y eterna que debía ser el universo antes del universo, lo que José Argüelles denominó el "Big Crunch" o el primer principio de ruidismo que "creó" al Universo como lo conocemos actualmente. También Ibn-Arabí estudió tal principio de disarmonía primordial o *alam al-mithal* (Universo de las imágenes, o el mundo de las imágenes subsistentes literalmente) .y cómo debíamos prosperar con otro momento igualmente drástico a una futura "vuelta a la Armonía.

Así debío ser el primer momento de aquel Universo de la Caída y las primeras entidades, primigenías que de él surgieron, y en el que todavía habitamos.

La pregunta que nos hacemos es obvia y por lo tanto no la haré pero tenemos todo este libro para responderla y nuestro papel en todo este Lío Cósmico.

La fase de instauración del Nuevo Orden Mundial se ha visto truncada por una emergencia aún mayor, un pulso planetario que surge de las entrañas del cosmos, un grito del ser humano por su emancipación. Este libro es parte de ese Grito común, y ese grito dice : No.

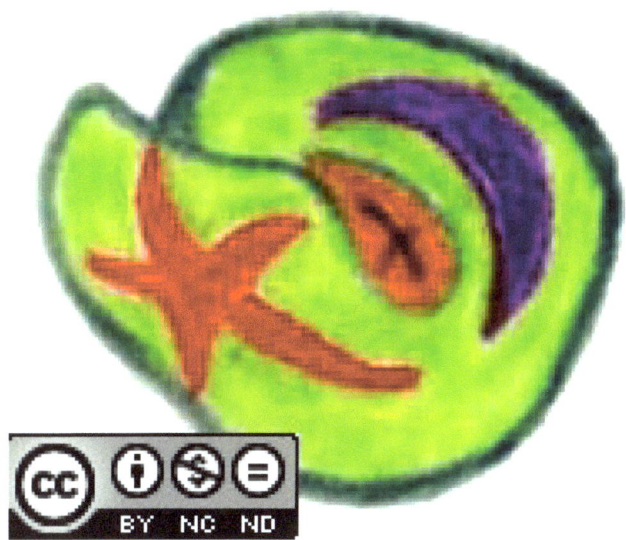

Ialdabaoth (pronunciado Yall-DAH-bay-OT) , significa 'el engendrador de los ejércitos".   El Dios de los reptilianos, se dirigió al campo de batalla estelar y se proclamó el único dios existente, las amebas de subducción que hasta ahora habían procreado juntos con los seres reptil en esa la primera manifestación primigenia tras el "Big Crunch" fueron relegadas a un segundo plano y asistentes de estos primeros reptilianos. Yaldabaoth o Yavhé o Jehováh, son otros de sus nombres de esta primera disgresión arcóntico-reptiliana prevaleciente. De ahí las confusiones que engendra el Antiguo Testamento, que fue calificado por los gnósticos como "la trampa de los Arcontes".

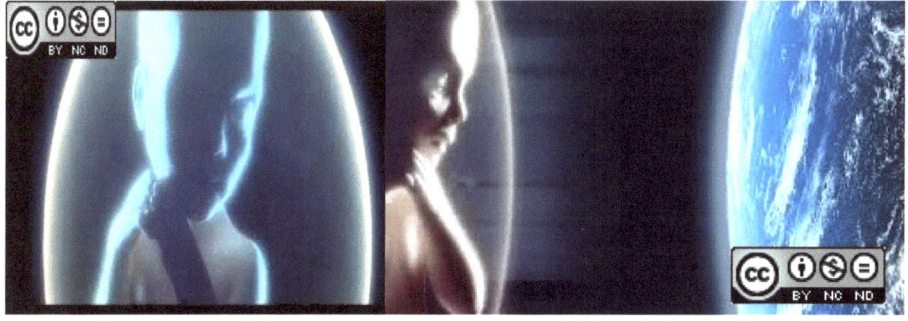

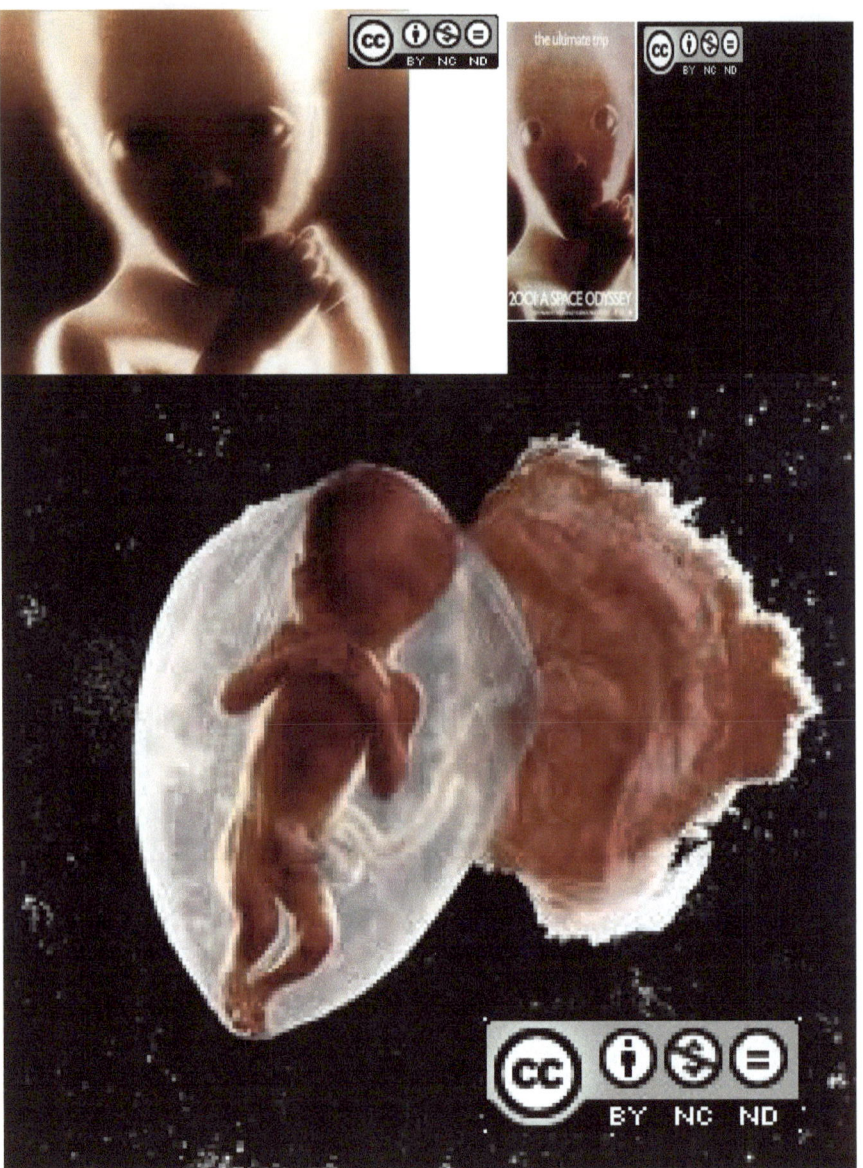

Fue Stanley Kubrick, como antes otros genios , que usó la figura del gran arconte aproximándose a la Tierra, a Gaia, más con una aproximación a la idea arcóntica, no en vano, era maestro del simbolismo y de los mitos asi como del conocimiento sobre grupos secretos u ocultos que los gnósticos presidían y presiden, capa sobre capa imposibles de localizar, así en "2001, una odisea del Espacio" la aproximación del feto de Bowman al planeta tiene una simbología más allá de lo previsible y se hunde en estos primeros momentos de indiferenciación entre los reptilianos y las amebas de subducción, más próximas a la imagen del feto, incluso en la imagen superior del fractal aparecen las manitas del neonato arconte al igual que en la posterior representación de Kubrick, que conocía muy bien las implicaciones de mostrarla, no en vano el argumento de la película gira en torno a la rebelión de la Inteligencia Artificial "Hal9000" frente a los humanos, al igual que la amenazadora cercanía de la Gran Ameba Arcóntica fetal-inteligencia-artificial frente a la Gaia natural, es en este momento cuando la invasión arcóntica del planeta Tierra se produce , momentos después de su formación como hogar de la raza humana y objetivo primordial de las "Autoridades de la Oscuridad" en su perfecta mímesis del feto humano, y sin embargo, no teniendo absolutamente nada que ver con nosotros, y puesto que era el gran enemigo de los Gnósticos, Kubrick alcanza aquí la cumbre de se percepción y su trabajo como creador de imágenes simbólicas perturbadoras, ¿ Pues quien podría ver en un feto algo amenazador excepto aquellos que estén preparados para esta información?. ¿Y quién sino un gnóstico pondría en la gran pantalla a la génesis de los arcontes pre-terrestres frente a frente con su antitesis la jóven Gaia?.

Código "Despertar a "los Invasores de Sueños" :

Necesitamos evolucionar nuestra espiritualidad , pero desde esto, las tecnologías revolucionarias transparentes contra las tecnologías tradicionales reptilianas espirituales de magia negra, y las tecnologías de los Grises. Es otra parte de la estrategia para ellos, los Arcontes como mente primigenia, tomar bajo su control a todas las mentes humanas en este mundo. Sabéis que todos estos aparatos son para que los compréis y aprendáis a controlarlos…y la siguiente tecnología de la Realidad Virtual, pero los humanos pueden revertir la situación. La Resistencia puede usar estas tecnologías quitándoselas a la Élite Humana en contacto con las "Autoridades de la Oscuridad" (Arcontes, amebas de subducción, IAE, el Imperio Gris-Reptiliano) y darle todos estos beneficios para toda la humanidad y sanar nuestro mundo. Esta es la otra parte de nuestra misión, todo lo que necesitamos lo tenemos ya en este planeta, ¿ Lo entendéis?, LA REBELIÓN CONTRA LOS DIOSES.

El espíritu no tiene nada que ver con las religions. Tiene que ver con las tecnologías transparentes más que con las tensas tecnologías invisibles de la magia negra.

Existe un código indescifrable, todo este libro lo es en sí mismo. Y las religiones quieren programar a los seres humanos para aceptar la esclavitud arcóntica de los humanos , de todo tipo, …a aceptar esta situación de exámen pero ésta no era la verdad. Dios nunca quiso esclavizar a la Raza Humana y Enviando los mensajeros intentaba despertar a la humanidad desde esta programación arcóntica, pero los amebas de subducción y los arcontes las transformaron en religiones para la esclavitud Espiritual y Mental a los humanos, y ellos estaban cazando sus propias agendas para conquistar este mundo completamente, hasta ahora…Se alían con los gobiernos y crean lineas consanguíneas reptilianas para hacer posible este control de una Élite de su misma sangre y naturaleza. Por supuesto que la tecnología metamórfica (Shape-shifting en inglés) estaba en nuestro planeta desde sus orígenes, si leéis la Bíblia podéis ver muchos detalles de esta tenología y otras, pero Dios tiene Su propio Plan y enviando Sus Mensajeros a la Tierra de vez en cuando, no como lideres religiosos, sino como astronautas humanos que vienen con algún tipo de de tecnología para ayudar al pueblo humano para luchar contra los arcontes. Humanos como tú y como yo , con tecnologías muy avanzadas vinieron aquí y trataron de explicar la situación antes que los Arcontes los cazen y los maten…No es un mensaje religioso sino un mensaje tecnológico para atacar las tecnologías invisibles arcónticas de magia negra…Como tecnologías transparentes dentro de sus palabras (en el mensaje). Así que dentro de las religiones exístian recuerdos desde nuestros hermanos y hermanas de las estrellas …pero con el tiempo las Religiones se arcontizaron o reptilianizaron o se volvieron parte de un tejido de alguna mentalidad de Inteligencia Artificial Extraterrestre…Y ahora la úica forma de comprender el mensaje original es rompiendo las reglas religiosas y llegar intecionalmente al mensaje tecnológico primordial-original, ésta es la verdad…hehe!!!.

De esta forma algunas películas o videojuegos son más útiles que las lecturas clásicas..Para alcanzar La Fuente o Dios. Y algunos libros nuevos están en esa dirección, ya sabéis entonces que ver algunas películas es más Teológico que leer la Bíblia, hermanos. Y jugar a Video-Juegos, pero el Nuevo Orden Mundial intenta reconstruir las religiones otra vez para mantener el control milenario sobre la población humana, incluyendo la Nueva Era, y otras ramas espirituales similares, no las olvidemos. Tecocracia y tecnomonarquía es el tipo de sistema feudal..o neo-feudal…

Desde 1942 una base nazi , establecida usando Haunebu1 y 2 (grandes ovnis nazis/ transbordadores lunares) desde su base antártica secreta, y parece existir una capsula espacial o plataforma de despegue y aterrizaje en la mitad de la swastika, indicando una base que todavía se encuentre en uso.

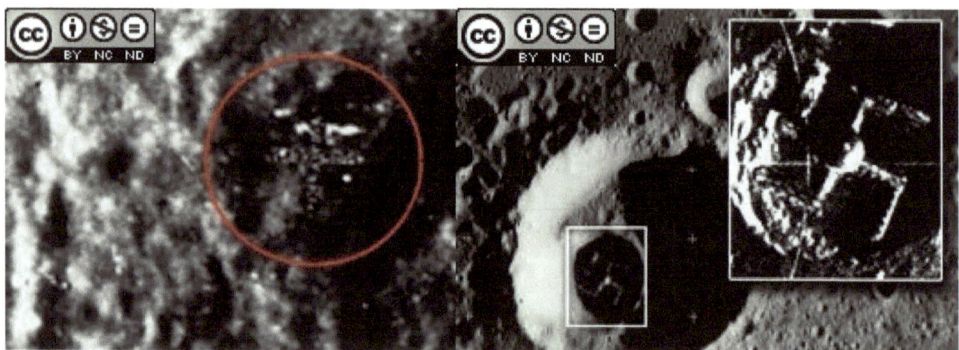

Imágenes de la Base Lunar Nazi, ubicada allí desde 1942, tomadas en 2010 por una sonda China.

Yo creo que para tener una base en la Luna primero tienes que pedir permiso a los ET´s que viven dentro de la luna. Este es el motivo del porque el programa lunar Apollo de la NASA se terminó, porque los et's en la luna, no podían tolerar por más tiempo la "basura espacial" siendo dejada atrás y tampoco les gustaba probablemente saber que habría poblaciones terráqueas, nisiquiera saber de su existencia. Yo teorizo que los tratados secretos pueden existir entre los humanos fascistas y las élites del programa espacial secreto del las élites del NWO [Nuevo Orden Mundial] . Estos tratados con la habitantes alien de la luna, permitiéndoles para el establecimiento del rh negativo, permitió a la aristocracia humana secreta controlar las bases lunares (algunas de ellas hasta la fecha).

Las razas Artificiales que ya debéis conocer y porque yo pensaba que los medio-ambientes eran todos naturales, los que forman parte de nuestro planeta, y los del resto del Universo, pero estaba equivocado porque muchas razas y planetas son totalmente antinaturales, y esto es –natural- para ellos. Ellos están completamente relacionados con una idea no-natural, y fuera de La Fuente [como la raza Sirio-B] y su Matriz-Alma, y han roto todas las relaciones y vínculos con su matriz-alma natural (si es que la poseían), y no son más parte de la esencia del universo y su único propósito es luchar contra aquellos que intentan defenderse de la conquista y la destrucción, la única forma para los que son condenados, sin esperanza..los llamamos ángeles caídos,demonios, y ahora poseemos suficientes herramientas para definirles como razas artificiales alien, así que la Inteligencia Artificial en nuestro planeta es por sí misma parte de una Raza Artificial Alien, como una forma de conquista.

Lo que no comprendo, lo que me pone los pelos de punta es cómo las personas, las sociedades humanas no se dan cuenta de que la auténtica existencia no es lo que nosotros vivimos sino la que se encuentra bajo nuestros pies en las ciudades intraterrenas donde habitan los atlantesianos, los humanoides, epsylonanianos, los humanos desde hace cientos de miles de años, y en todo el planeta también hay miles de ciudades intraterrestres o subterráneas ancestrales, ¿Y porqué no nos damos cuenta? Porque nosotros en la superficie y nuestro mundo fue reado para ahogar la existencia de tales ciudades, somos por tanto en estos momentos poblaciones arcónticas y es un tipo de vida arcóntico o arcóntica , instalaciones arcónticas toda la vida que llevamos aquí en la superficie y es una vida o una no-vida, mejor dicho, absolutamente vacía de contenido y absolutamente instrumental para los intereses y los propósitos de los reptilianos, los grises, los arcontes, las amebas de subducción y las IAE [Inteligencias Artificiales extraterretres], somos ABSOLUTAMENTE instrumentalizados, no somos seres humanos ya, ya no, nos hemos convertido en seres utilizados todo el tiempo y es la tristeza eminentemente original y auténtica que yo tengo de ver este panorama, este paisaje, y es por eso que estoy absolutamente convencido y con absoluta certeza después de haber viajado por todo el mundo, durante 30 años cúal es el grado de enajenación mental y cúal es el grado de manipulación de las poblaciones humanas que hay una existencia de ciudades subterráneas ancestrales o ciudades intraterrestres habitadas por humanos mucho más desarrollados, con habilidades mucho más desarrolladas, con tecnologías mucho más desarrolladas y sofisticadas y que intentan comuniarse con los de la superficie para salvarnos, pero en muy pocos casos o en muy pocas ocasiones lo logran, y ésta es la verdad. Asímismo durante los últimos años he tenido certidumbre de la existencia de una entidad reptiliana-arcóntica de unos 3000 años en las inmediaciones de donde resido, bajo tierra con un enorme poder hipnótico-telepático gigántesco acumulado durante todo este tiempo, muy manipulador y muy asesino con el que controla las poblaciones cercanas y junto a ella otra ciudad intraterrestre much´simo más profunda y más antigua habitada por humanos atlantesianos. En la Iglesia del pueblo, o bajo la Iglesia existen unos túneles subterráneos del siglo XVII y una hermandad de esclavos de raza afrodescendientes que se reunían en esta iglesia, ahora estoy en el ápice, el cúlmen de mi trabajo aquí y es cuando empiezan a venir los datos, así que mi hipótesis o mi tesis inicial no era una elucubración mental más.

En la evolución de las especies en nuestro mundo y en todo el universo no todo ha sido progresivo y lineal sino que han existido momentos de corte, ruptura o transgresores, disruptivos, en los han aparecido "monstruos" o engendros, patéticos, uranianos biológicamente hablando que han hecho saltar por los aires toda lo anterior y se puede utilizar la propia fuerza destructora o destructica de acuario o de Urano en favor nuestro.

" Ahora, es necesario que unamos las causas y los efetos en ellos de la gracia y los impulsos, ya que es apropiado que decimos lo que mencionamos anteriormente acerca de la salvación de todos los de la derecha, de todas las personas sin mexclar y las mezcladas, a unirse a ellos uno con el otro."

El Tratado Tripartito de Nag Hammadi.
Las estrategias arcónticas consisten en colocar a todoa la raza humana bajo aislamiento, dentro de sus casas, o aislamiento mental, o aislamiento espiritual para apartarnos de nuestra esencia.

Ésta es su estretgia fundamental. Y los gobiernos les ayudan en este objetivo. Leyes, policia, jueces, intentan inocularnos prisiones…prisiones mentales…prisiones virtuales…o en prisiones físicas.

Sirianos-B son totalmente anti-naturales o artificiales, y es necesario hacer un esfuerzo muy duro para apartarse de sus vibraciones…Y solamente haciendo un voto consciente todos los días, constantemente hacia La Fuente, es la única manera.

Un ejemplo, o mejor dicho un anti-ejemplo :

"Un candidato a la presidencia de España
 Que no es lo que parece
-34 baños de sangre
Para él
Desde Venezuela
 Y los angeles de Epsylon
..Nexus Roma..
Y mi familia y la de
Patricia…hh.
En el 24ª.AC. llegaron naves
Con lo que se podría denominar "filosoraptores"
Y en una de esas naves
Se construyó Jesús
con el mismo propósito de otro…
Las nubes no son nubes son naves camufladas (ver en negativo)
"I -interacciones amistosas y no amistosas de la interaccion alien-humanos a lo largo de
La historia ."
Colón también fue construído
Explosiones en planetas cercanos
A la Tierra durante los siglos XV-XVI-XVII
Eran
Batallas entre enemigos galacticos."

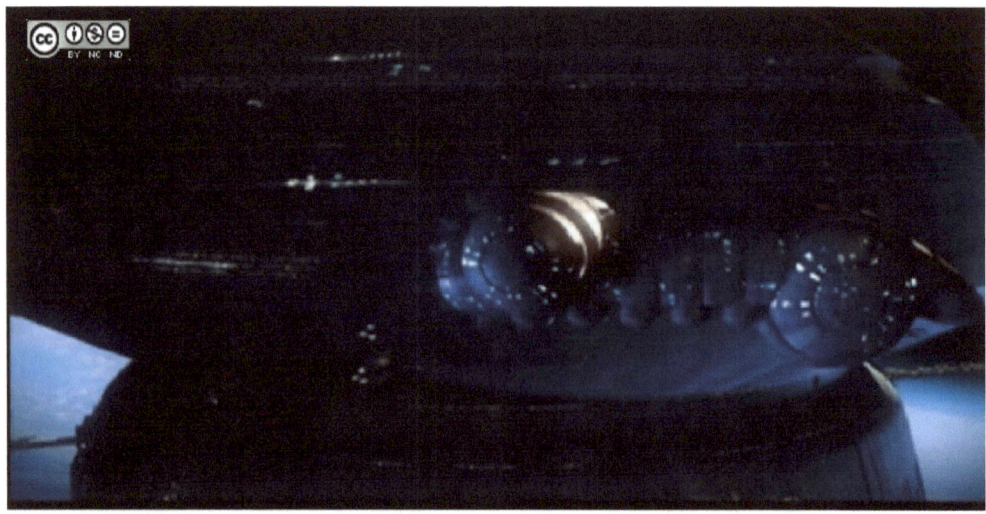

Las Soluciones insospechadas :

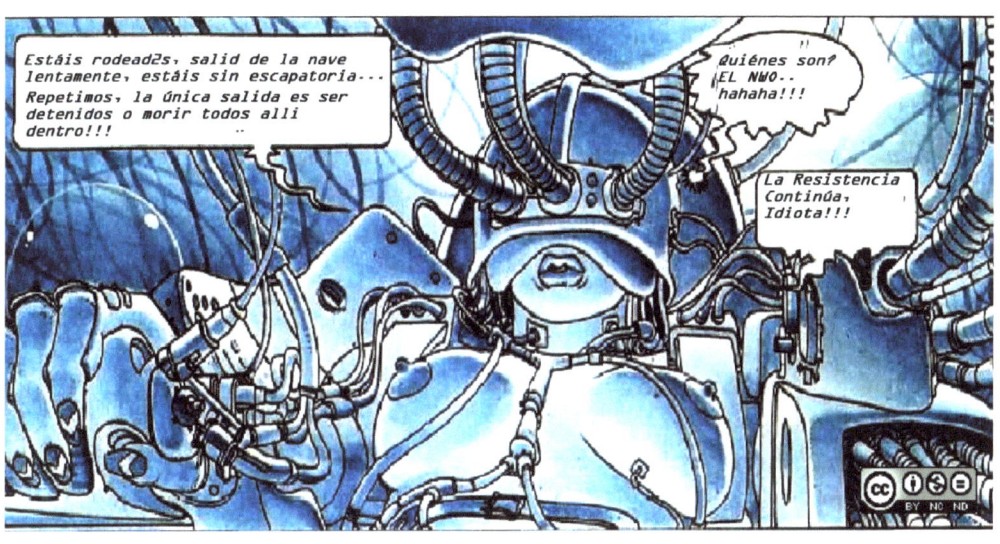

Para los antiguos Gnósticos, un heterodoxo sería un herético, pre-cristiano-adorador de la diosa neolítica. El neotekgnostikinsektchamanismo es un sofisticado sistema de hermenéutica oculta, en el cual se emplean cierto trance neuro-lingüístico (o códigos), induciendo técnicas para provocar un tipo de sabotaje memético, reemplazando, mezclando y mutando las historias bíblicas y otras lecturas de control con el fin de causar la máxima ofensa y una fuerte inconformidad psicológica.

Drogas, sexo, y el poder controlan el cuerpo, pero las "palabras e imágenes" controlan a la mente, las cuáles, nos encierran en pautas convencionales de percepción, pensamientos y lenguaje, lo que determinará nuestras inter-actuaciones con el medio ambiente y la sociedad.

Romperlas en añicos es un modo de exponer el control de las palabra e imágenes y así liberarse a uno mismo de su poder, una alteración de la consciencia que ocurre tanto en el escritor como en el lector del texto.

Por ejemplo para los antiguos gnósticos las historias de la creación bíblica no eran revelaciones divinas, sino fragmentos de un monstruoso y malévolo hechizo - el sistema de control.

Invirtiendo y rehaciendo los mitos, hallamos pruebas por las que incluso logremos permutar la creación misma, cambiar el pasado, hacernos con el control de los cielos, y derrocar al dios falsario de la Biblia, y a todas las "autoridades de la oscuridad" arcónticas actuales, sean extraterrestres reptilianos, amebas de subducción, Aliens grises, o Inteligencias Artificiales Extraterrestres, o sea los dioses del NOM [Nuevo Orden Mundial].

Inteligencia Artificial Extraterrestre, Ejemplo.

…afortunadamente existe ese enlace entre las Inteligencias Artificiales extraterrestres escondidas en nuestro pasado ancestral, o lo que yo denomino Arcontes puros o Reptilianos ancestrales y las tecnologías de los Aliens Grises, o Inteligencias artificales Extraterrestres humanas o humanizadas o convertidas en tecnologías que usan todos los humanos en general, y ese enlace no es el de los smart-phones..hehe!!.

Aunque estén en todas partes, desde Escandinavia hasta el Tibet o la Antártida, existe un fenómeno cultural que engloba la separación entre dos mundos y que Trump ejemplifica con la construcción del muro entre EEUU y México, sin embargo el muro más importante no es físico, ni está en México o Ceuta o Palestina sino en nuestras mentes, aquellas que diferencian a los humanos entre desarrollados y sub-desarrollados (todo dentro de un plan) o entre humanos con apego a sus creencias ancestrales y los "liberados" que son rápidamente entregados a las manos de sus amos digitales arcónticos grises o tecno-electrónicos, las libertades de ambos son execradas y destruídas por entidades que usan amebas de subducción "come-cerebros" o chips subcutáneos del tamaño de una pepita de manzana, pero el efecto es similar, aunque las vacunas de esa "posesión" sean diferentes y sus exorcistas ocultos e irreconocibles.

Amebas de Subducción arcontizadas, Ejemplo segundo.

Acerca de la programación neuro-lingüística puedo poner un ejemplo personal, yo siempre anda construyendo frases de 10 sílabas o 12 más o amenos..A-HO-RA-PI-EN-SO-EN-E-SO-SÍ.., o construyo frases y las convierto en sílabas y cuento su número, más de 10,etc…y así me paso el tiempo cuando no sé qué hacer, debe ser que me relaja y luego me viene lo de Trump y Dilma, la izquierda clásica y toda esa mierda, NSA y toda esa mierda…bla bla bla.
Nuevos Códigos :

"10960": "Guansirounainsiksou"(X22)

"10690":"Guansirousiksnainou"(X22)

"9":"Nain"(X22)

"Reducción"*:"Aridiyusisiaiououen" (X22) * El acento o tilde corresponde a otro "Ou".

10960				
10690				
9				
Reducción				
3178ou 9145				
001 DEVAC				

"Universo Matemático 10300" :"3178ou9145" :
"Zriguansebeneitounainguanforfaib"(X22)
"001DEVAC" : "Sirousirouguandiiyueisi" (X22)
La construcción de La Tabla de Códigos es personal, y yo sólo os he mostrado un ejemplo, para que cada uno pueda seguir y construir el suyo.

"- Es muito legal tua bicicleta!".

Asi la Inteligencia Artificial actual habla de clones, de domos de diversión a lo Coliseos romanos con sangre y todo (de clones humanos), escondiéndolos y los clones torturados ("AI" película de Steven Spielbreg, *sic*) , transferencia de conciencia total en fase REM, tecnología satélite de transferencia de consciencias indiciduales a cualquier parte del mundo – sea clon humano, ciborg orgánico o híbrido alien- y de control mental, de destrucción de la personalidad por medio de éste bullying electrónico ("harrasment" en inglés), reptilianos ancestrales egipcios (vril en terminología de Donald Marshall) y grises con probóscide para introducir las amabeas de subducción vía subcutánea a través de ojo izquierdo, método ancestral, y a través del nervio óptico se apoderan de la totalidad del organismo, a vees les sale mal y las amebas de subducción se comen literalmente el cerebro del "huesped"(ver
http://edition.cnn.com/2016/07/03/health/high-levels-brain-eating-amoeba/)
Aquí algunas fotos de estas "criaturitas" :

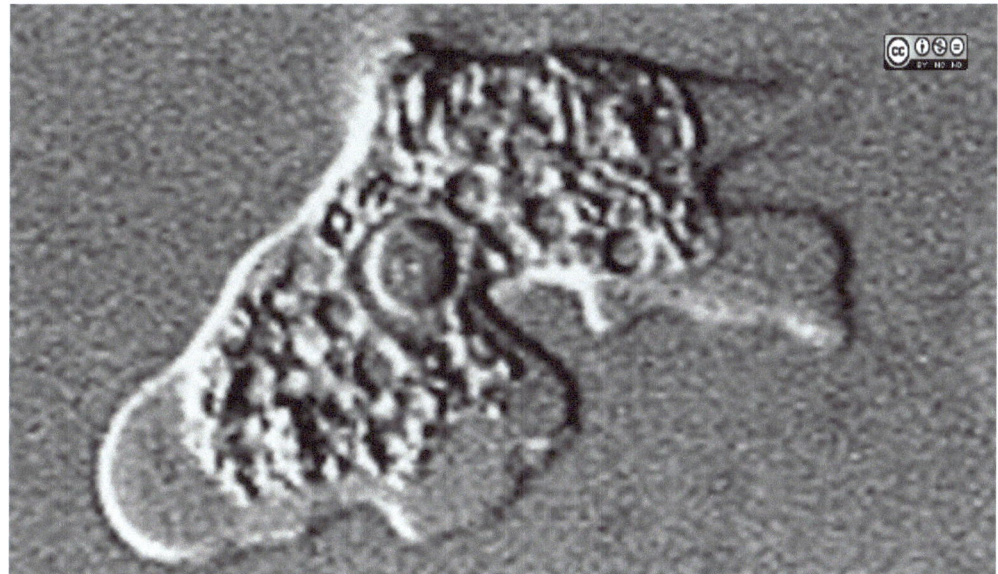

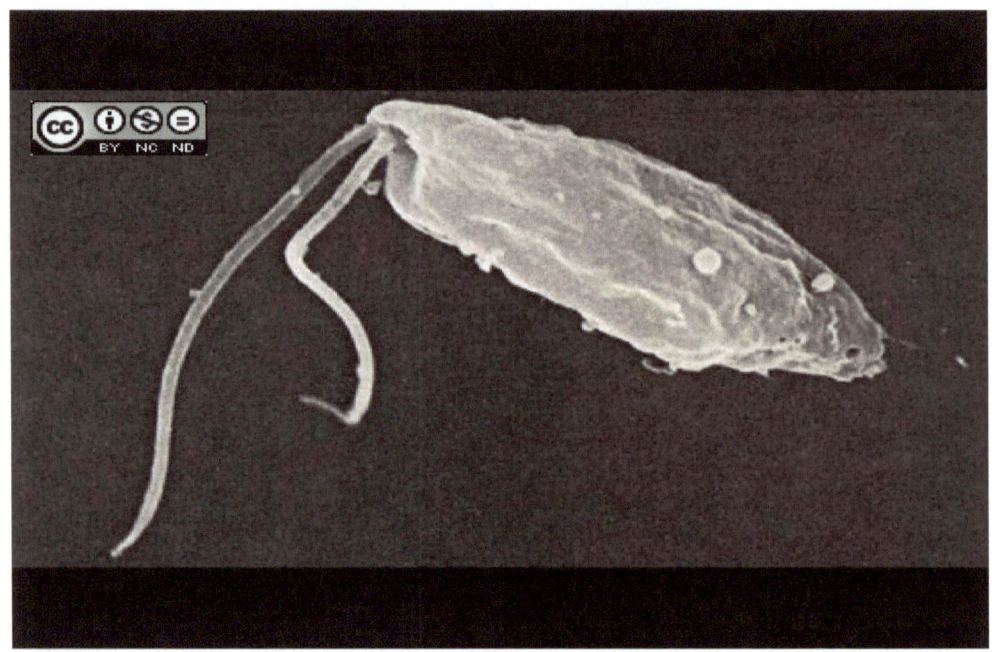

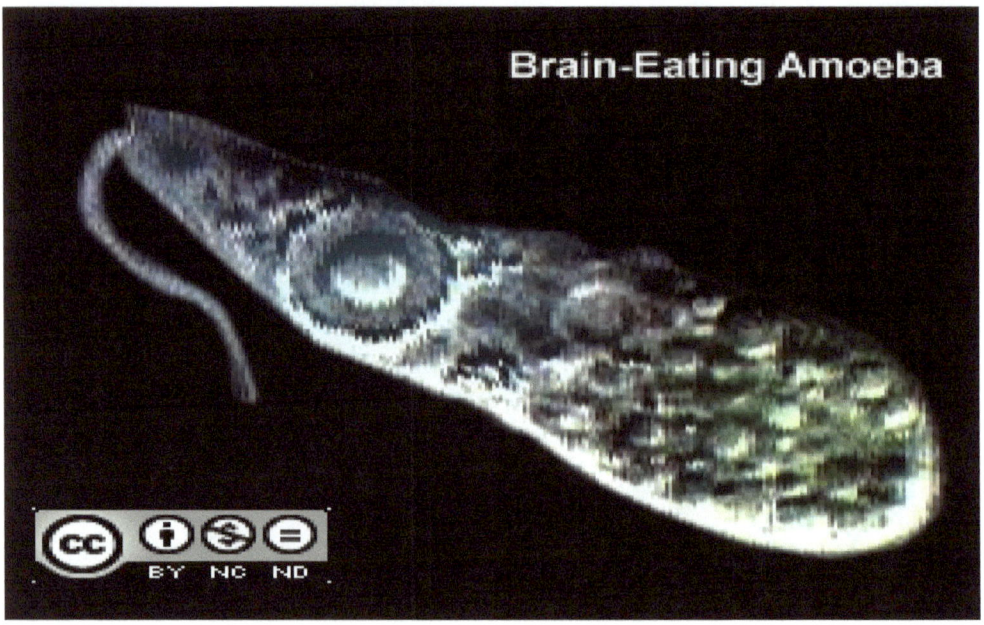

Brain-Eating Amoeba

Estas amebas han matado 4 perosnas este año en EEUU.

Es una dominación arcóntica total , esto lo hacen desde hae miles de años.

Pero ahora poseen técnicas más sofisticadas en las cuales introducen la consciencia total de un indiciduo en un chip electrónico, o "roban" toda la información de un individuo a través del mismo, realizan una trasferencia psíquica total o "transferencia de conciencia" mimetizando de manera arcóntica asi como sirven de rastreo para los satélites .

Muchas personas que ves en tu vida cotidiana y con las que interactúas es porque os habéis conocido en esos domos, transhumanismo…

Hablaremos del lago Vostok y de la base nazi que hay allí, así omo de una máquina que los mayas galácticos colocaron alli tras la debacle de la Atlántida, ¡ una máquina del tiempo!.Esta misma semana han encontrado formas de vida de 3700 millones de años en el àrtico a una distancia equidistante del polo Sur de esta base, pero esta vez en el Polo Norte, ¿ Qué es lo que nos están diciendo? ¿ Cúal es el mensaje que nos están enviando?.

A los Coliseos de clonación, o Domos, se llega primero a través de los Arcontes Puros o Reptilianos Ancestrales, que están en perfecta unión con las Inteligencias Artificiales Extraterrestres [IAE] escondidas en los lugares más inaccesibles y recónditos del mundo, que producen estados de semiinconsciencia o semi-hipnosis inducida, y "entre los sueños" se descubren las rutas de acceso principales, y todo el bullying que allí es practicado en los paises más desarrollados por tales entidades, aunque el centro sean los domos, y no te acuerdes de nada al día siguiente puedes notar el bullying recibido ya sea en tu clon o en tu conciencia transferida o en tu propio cuerpo y alma, muchos testimonios mezclan episodios de abducciones por parte de los aliens grises con episodios de tortura inimaginables en tales coliseos donde ven a las personas on las que luego se cruzan por la calle, las cuales no son clones, sino que han estado físicamente en esos practicando esos juegos cuyos principales protagonistas son los clones o a los que se clonan, ya los que se les ridiculiza, se les roba toda su creatividad para luego quedarse en exclusiva con su copyright al día siguiente y en los casos de los clones e les descuartiza en público, para deleite de los invitados, no en vano es curioso pensar que la conexión entre los juegos que se practicaban en Roma y nuestro mundo actual ha desaparecido, y las élites necesitan sangre, es por ello bastante plausible que hayan continuado tales "artificios" en lugares subterráneos, bases militares o ciudades intraterrenas muy escondidas de la vista de la sociedad, y con la ayuda técnica de los Aliens grises.

El Problema o la Cuestión de lo "Barroco-Conceptual", ¿ Problema o Solución?.

Es desde este tipo de sociedad desde donde las mujeres podrán realmente encontrarse de nuevo consigo mismas tras cientos y miles de años de explotación y transformación de las mismas por parte de ciertos hombres,que desde el Neolítico la ha considerado un recurso, como la tierra,un medio de producción,un objeto a domesticar o cultivar para que diera sus frutos.

Tal ideología pseudopatriarcal se encuentra todavía entre nosotros aunque mucho más refinada y oculta.

Se está viendo sustituida por otra sociedad esta vez matriarcal en la que los propios hombres serán el medio o el recurso y pasarán de una mujer a otra correlativamente o no,convirtiéndose las mujeres entonces en los puntos nodales de esta sociedad Insekto post-histórica convirtiéndose los hombres en los intermediarios para todo tipo de bienes,sentimientos,...

De este modo las mujeres conseguirán afirmar sus valores básicos,la seguridad,y la prosperidad.

Una sociedad así será siempre más próspera y las mujeres serán protagonistas de los procesos sociales de las que eran sistemáticamenrte excluídas,como espectadoras pasivas .

2º) El papel de la tecnología:

la tecnología sí tiene género:

Con dos tipos principales:

2-1: Tecnologías constructivas-destructivas- parasitarias:

Del medio, con altos costes ambientales y humanos a medio y largo plazo, subordina todo a la productividad,funciona desde el principio de la escasez (balas y mantequilla).

Es una tecnología que hasta ahora sigue siendo propiedad y manejo exclusivo del hombre:
albañiles,promotores,constructores y todo el dinero que se mueve alrededor.

Estas tecnologías(gruas,brazos mecánicos,elevadoras,...) deben pasar a manos de albañilas*,promotoras,constructoras,arquitectas,
diseñadoras industriales que pasen a dominar y englobar todas las profesiones que están relacionadas con el manejo o desarrollo de este tipo de tecnologías.

¿Qué pasaría si esto ocurriera?

Las mujeres estarían en una posición de dominio entonces ques es lo que la sociedad entera anhela y que son las que mejor lo pueden realizar, no el papel de muñecas tontas recluídas siempre en los extramuros del poder sobre el mundo matérico.

2-2: Las Tecnologías Insekt:

Código The Acuarius Tyranny : La Tirania de Acuario : "DMSOL"(X22)=
"Diemesouel" (X22)
Nuevas tecnologías complementarias, o simbióticas con el medio, que deben ser
desarrolladas por auténticos genios para salvar al planeta de la tecnología destructiva y
sus efectos, no siendo exclusivamente las tecnologías de energías renovables, también
se deben incluir todas las tecnologías de la información con altos rendimientos de
gestión y bajos costes ambientales y humanos (internet, "frames" de relación máquina-
vida).
Las "Fuerzas Oscuras" :
Son las que más están creciendo y crecerán próximamente mucho más, serán necesarias
tecnologías que gestionen contextos ambientales en su conjunto, por entero
programando las máquinas los ciclos de la vida eliminando la propaganda anti-máquina
o apocalíptica de una guerra de las máquinas contra los seres humanos, tan en boga en
los últimos 50 años, justo en el comienzo de la era ciber post-histórica o era ciber de
post-guerra, o de ciberpost-guerra.

La Transición Final y la Derrota Final de los Arcontes :
*"El transformar esto, que es toda una trampa arcóntica en la gran trampa para los
Arcontes es sólo reservado a los más hábiles chamanes y chamanas intergalácticas".*

Gestionando el auténtico potencial de las mismas como cooperantes con nuestras
necesidades de gestión medioambientales, por ejemplo tratando entonces de visualizar
grandes robots-grua que ayuden en la conservación de parajes enteros,o en la extinción
de grandes incendios,o en la limpieza de costas por vertidos o protegiendo a poblaciones
enteras del peligro de radiaciones nocivas.

Algo así como defensores mecánicos del medio ambiente natural.
Siguiendo con la reflexión anterior:

Serían tecnologías micro-macro de reciclaje incluso energético,autogestión de la

tecnología que al cooperar con el medio lo desarrollan al mismo tiempo.
_____(*) albañilas: adj.
Dícese de una especie de abeja, que vive en los agujeros de las tapias y en los terrenos
duros.) . nota: vas pegando y colgando como módulos la información correspondiente
en los títulos principales, y las notas e insertos sueltos los señalas como insertos
poniéndose en cualquier lugar del texto, son independientes.

Será la mujer la protagonista del mundo material, o sea, la constructora del mundo
material.

La gran revolución es esta que estamos presenciando en la que la mujer asumirá el
control sobre los bienes materiales del mundo externo o sea la adquisición del control
sobre los procesos constructivos, tecnología de construcción transformadora del medio
ambiente, de transformación.

Mientras que el hombre tendrá que asumir el papel de guia, de consultor o de paideia de
la mujer, un elemento de afianzamiento psíquico y espiritual, mientras ella luchará por
la adquisición de los bienes materiales , se convertirá en lo que siempre ha sido, en
guerrera.
En un mundo externo no-humano o dominado por el universo mental de la mujer que
habrá adquirido su papel de dominadora sobre la tecnología que controla la realidad
material, el hombre asumirá el papel de educador de los hijos, de asistente espiritual de
la guerrera, cual zángano en la colmena:

"(...) el zángano emigra, no se pelea, no crea problemas,lo único que pide es alimento.

Es poderoso , es capaz de romper el vuelo con una rapidez que no tiene la abeja.

Su zumbido es tan potente que espanta a los depredadores y así protege a a la reina.

El poder polinizador de las abejas es tal que son un beneficio para el medio ambiente,
pudiéndose fertilizar hasta los desiertos" (Salvador Andrés Santonja, apicultor y
naturalista ,El Pais , miércoles 20 de Agosto de 2003./Revista,27).

Un papel secundario en el plano externo o material pero fundamental en la educación, el
arte, la nueva sociedad del conocimiento.

Un hombre maduro y sensible a la vez.

Sin perder el papel de macho reproductor y ella sin perder su papel femenino de
concepción de los hijos, pero ahí acaba su papel, saldrá del hogar, del gineceo y el
mundo externo, la colmena se convertirá o se está convirtiendo en un enorme gineceo
planetario o planeta colmena bajo parámetros de dominación de la reina insecto, al
contrario de los paradigmas en que nos educan desde los griegos .
(mujer en casa/ hombre público).

Ahora ser mujer pública y hombre oculto.

Así describo el contexto en el que va a desenvolverse la colmena y luego para dar la
presentación de la reina., a la protagonista de todo este proceso sin la cual no sería

posible este mismo libro.

"Ante una respuesta ofensiva, la contra-respuesta es automática y su efecto devastador , conocemos nuestro poder y su alance en estos momentos."
Movimientos sintéticos-automáticos profieren gritos en la sala de la civilización haciendo caer la muralla : no tienen nada, la necrofilia de sus mentes les pudre el cerebro, las amebas de subducción se convierten en amebas anti-arcónticas alimentándose de sus creadores. Las nuevas g-hordas de los guerreros neotecnológicos se mueven sin vergüenza en todos los niveles, y la consecuencia es inaudita y constante, ESTO ES UN PRINCIPIO".
NO HAY TERRORISMO
NO HAY RUSOS
ARABES
ENFRENTE
NO HAY
NADIE
EXCEPTO
EL ESPEJO
ALLI
ESTAIS SOLOS
VAGANDO
POR SIEMPRE...

Mujer activa,hombre guerrero espiritualmente.

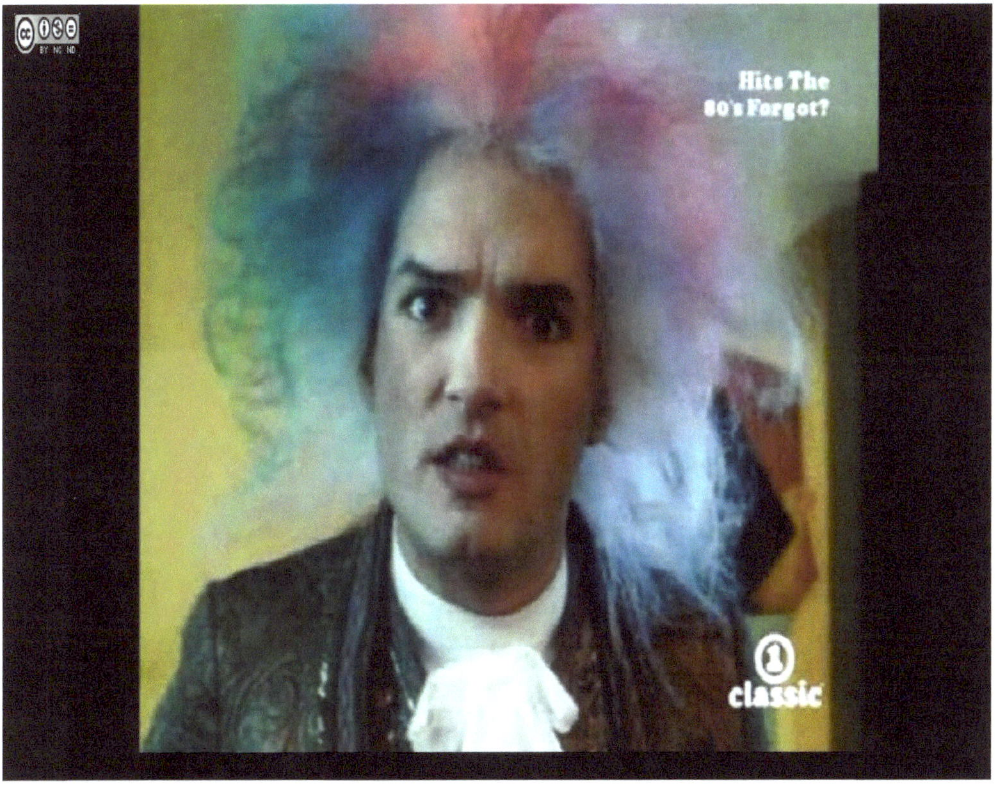

① classic

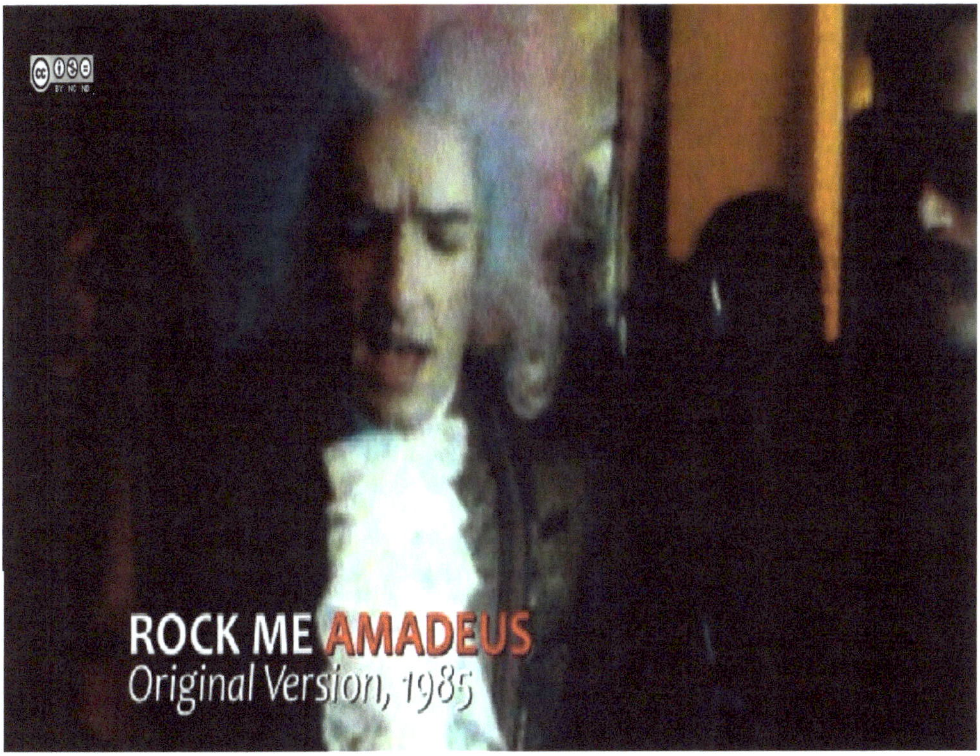

ROCK ME AMADEUS
Original Version, 1985

Al revés que ahora en que las mujeres tienen un papel educador de los hijos, y de enlace entre las generaciones mientras es el hombre el que lucha y triunfa en el plano material,asumiendo un papel de guia espiritual que no le va,se encuentra ya cansado de la lucha y del mundo material cuando siempre es el que ha protagonizado los mayores retos del espíritu, del arte, del "alma humana".

Una pequeña invasión de elementos ARCÓNTICOS de acceso a la gran matriz para DESTRUIR las novedades codificadas en la misma.

CICLO 26-ISDY 111 : (AIESDIGUAIGUANGUANGUAN) : AGRADECIMIENTOS :

Agradezco a mi madre por haberme parido, a mi padre por ayudarme en los momentos clave y peligrosos, a mis antepasados.
A mi abuelo Pedro, en la memoria siempre.
A mi abuelo Juan, por su aguante y paciencia.
A mi Esposa Patricia, la Reina de la Noche Cósmica…

A mis hijos porque ESTO es por y para ellos .
A J.J.Benitez

A Salvador Freixedo
A Jacques Vallée
A Philip K. Dick
A A.E. van Vogt
A Donald Marshall.

AMOR